ット No. 10

数学オリンピックにみる才能教育

表紙写真提供：谷山公規

はじめに

国際数学オリンピックは第一回大会が一九五九年にルーマニアで開催され、以来一九八〇年を除いて毎年世界のどこかで開催され、二〇一三年には第五十四回大会がコロンビアで開催されました。第一回大会の参加国は七ヵ国でしたが、第五十四回大会では九十七ヵ国が参加し、名実ともに世界的な祭典となってきています。日本は一九九〇年に中国で開催された第三十一回大会から毎年参加し、二〇〇三年には日本で第四十四回大会が開催されました。

数学オリンピックは高校生以下の数学コンテストですが、数学の才能ある若者を発見しその才能を伸ばす手助けをすることを一つの目的としています。早稲田大学教育総合研究所では二〇〇四年より教育最前線講演会シリーズを開催していますが、その第十六回目として数学オリンピックをテーマに選び、「数学オリンピックにみる才能教育」という題名の講演会を二〇一三年七月十三日に開催致しました。この小冊子はその講演会における四つの講演を収録したものです。

最初の講演は数学オリンピック財団専務理事の鈴木晋一先生にお願い致しました。鈴木先生には国際数学オリンピックの歴史について幅広い視点からご講演頂きました。続いて数学オリンピック財団理事長の小林一章先生に、日本における数学オリンピックの活動状況についての臨場感あふれるご講演を頂きました。三番目の講演では、数学オリンピックOBの岩瀬英治先生に、ご自身の体験と実際の数学オリンピックの問題の興味深い解説を頂きました。最後の講演では、石垣春夫先生より、数学オリンピックの教育的意義について先生の深い見識に基づいた考察を頂きました。ちなみに、石垣春夫先生は一九九八年から二〇〇〇年まで教育総合研究所の初代所長をされています。

日本における数学オリンピック活動の中心組織である数学オリンピック財団設立の最大の功労者の一人は早稲田大学名誉教授の野口廣先生です。野口先生を中心に早稲田大学は数学オリンピックの活動に深く関わってきました。筆者も二〇〇三年の日本大会の際に微力ながらお手伝いをさせて頂きましたが、関係者の献身的な努力によって大会が成功に導かれる様を目の当たりにし、早稲田の強い結束力を感じて感銘を受けました。今回ご講演をお願いした四名の先生方は皆早稲田大学にゆかりの深い方々ですが、これも早稲田と数学オリンピックとの縁のようなものではないかと思います。今回教育総合研究所で数学オリンピックの講演会を開催できましたことをとてもうれしく思います。

ではどうぞ四名の先生方の深い洞察、広い見識、素晴らしき人間性にあふれたご講演をお楽しみ下さい。

二〇一四年二月三日

早稲田大学教育総合研究所幹事　谷山公規

世界の数学オリンピック

早稲田大学名誉教授／数学オリンピック財団専務理事　鈴木　晋一

このたびはこのような場を作っていただき、ありがとうございます。本日は、数学オリンピックの歴史と現状等についてお話していきたいと思います。その間に私見もいろいろと入れたいと思います。才能教育あるいは英才教育ということに、ある意味で一番ふさわしいのは数学なのではないかということもあり、このようなトピックが選ばれたのだろうと思います。

今年七月十九日から、国際数学オリンピック第五十四回大会がコロンビアで開かれます。一九五九年にルーマニアで第一回大会が開かれましたが、突然開かれたわけではありません。ヨーロッパで、十八～十九世紀にかけて大学が次々と発足しましたが、初期の段階から、大学が主催する数学コンテストというか数学コンクールのようなものが開かれておりました。このルーマニアにおける第一回大会の前に、既にヨーロッパ各国内でコンテストあるいはコンペティション、その他いろいろな呼び名の大会が開催されており、機が熟してスタートしたということです。

なぜ数学にそういったことが可能なのかということを振り返ってみますと、国によってカリキュラムは違うのですが、基本的なところは一致していることが挙げられます。例えば世界史の授業は国によってまったく違っており、比較のしようがないですが、数学の場合はベースのところが一致しておりますので、ある程度の調整をすれば共通の試験問題で十分試験ができるのです。あるいは、採点基準を明確にすることによって、多数の試験答案を一人ではなく多数の人が採点しても、ある程度公平な採点が可能です。

　国際数学オリンピック第一回大会は、東欧のルーマニアとハンガリーが主に動いて、七ヵ国でスタートしました。当時、スポーツのオリンピックでも、東欧諸国は国威発揚といったこともあり、国外で金メダルを取ると非常に優遇されたわけです。この時代に、東欧には有名大学は各地にありましたが、そこに進学することができたのは共産党幹部の子弟、あるいは、どういうわけか一部、共産圏にもお金持ちがいたらしいのですが、そのような裕福な家庭の子弟だけで、一般の人はなかなか大学に行くことはできませんでした。ところが、数学を筆頭にいわゆる理数系の場合は、単純に共産党幹部の子弟だから入りなさいと言ってもそうはいきません。そこで、優秀な学生をピックアップしたい、あるいはエンカレッジしたいということがあったと思いますが、とにかく状況の似た東欧の七ヵ国が集まって国際数学オリンピックを開催しました。

　もう一つ、このような国際的な数学の大会を開くことが可能だったのは、言語による障害があまりなかったためです。

特にこの時代の共産圏では、小学校や中学校段階に関しては各国それぞれ自国の言語で教科書を作っていましたが、数学の専門書はほとんどロシア語のものしかありませんので、それ以上の段階の生徒は皆ロシア語で勉強していました。言語による障害も少なかったので、割と簡単に国際大会が開かれる状況になったのです。

旧ソ連はスタートのときから参加していますが、ご存じの通り同国は非常に広いので、国内体制が整わないため、当初は人数が足りない状態で参加していました。一九六四年辺りにやっと体制が整い、本格的に参入するようになりました。一九六四年、一九六八年、一九七三年の国際数学オリンピックは旧ソ連で開催されており、それ以降はルーマニアやハンガリーと同様に、旧ソ連が中心的な役割を担って国際数学オリンピックが行われていきました。

参加者は、大学に入る前段階のレベルの生徒です。基本的には大学に入る前段階という基準であるため、年齢の上限は学校制度の違いにより十八歳であったり十七歳であったり国によって若干の違いはありますが、大学の授業を受けた人は参加できません。一日、大体四時間半で三問を二日間（合計六問）行います。一日に四時間半で三問ですから、一問につき一時間半ほどは考えることができるという試験問題が出されています。ある程度共通の数学知識以外は仮定せず、会場で一時間半頑張って考えなさいという類いの問題です。私などは未だかつてほとんどの問題が解けたことはありません。解くのも嫌だというような問題もたくさん出てきます。世の中にはそういうものが大好きな人がたくさんいるらしく、毎年毎年、世界各国で次から次へと問題が作成されています。

一九七〇年代辺りから、共産圏だけで実施するのはつまらないではないかという問題提起があり、西欧の国々に声をかけるようになりました。そこでイギリス、フランス、スウェーデン等が次々と国際数学オリンピックに参加していきました。東欧諸国の国々は人口もそれほど多くなく、国家の財政規模も似たような状況でしたのであまり問題はなかったのですが、西欧の国々が参加するようになると、国によって人口も財政状況も大きく違ってくるようになりました。一九八一年にアメリカで国際大会が開かれましたが、これが国際数学オリンピックの転機になりました。このときは中南米の国々も参加し、やっと世界大会という雰囲気になってきました。一九八〇年代にはアジアの国々が次々と参加していきました。一九八五年に中国が参加し、一九九〇年に北京大会が開かれました。このころまでに、アジア諸国のほとんどが参加するようになりました。日本も一九九〇年の北京大会から選手団を送るようになっています。

一ヵ国につき最大六人で一チームを組みますが、人口の少ない国等、国際大会に出る六人の選手がそろわないところもたくさんあり、二～三人という国々もあります。基本的には完全に個人戦で、団体の成績は発表しないのですが、受験番号のみを記載した表が出ます。それで、参加している各国の役員たちが各国六人分の点数を合計・比較し、「今年は、日本は何位だった」というように算出をします。国際数学オリンピックは、オリンピック本来の国別順位発表はなく、完全に個人戦です。

ご存じのように、一九八九年から一九九一年にかけて、東欧諸国あるいは旧ソ連の崩壊があり、以降、ルーマニア、ハンガリー、旧ソ連の数学オリンピックに関係してきた人たちが世界中に飛び散ります。彼らが各国で体制を整え、数学オリンピックは一気に世界規模で充実してきたという状況になっています。したがって、アメリカ大会の開催あるいは中国の参加、東西冷戦の終結というような流れで、国際数学オリンピックはいくつかの大きな波を経験しております。

国際数学オリンピックは、主催国が選手六人、団長、副団長の八人分の滞在費を全額負担し、開催国までの往復の旅費は参加国が自ら負担するというルールで開かれます。団長と副団長だけでは足りないので、たいていは採点を援助する人、選手たちの面倒を見る人等を合わせて十人くらいで行くことになります。そうすると、開催地によってはお金が結構かかります。小さな財政状況の国が主催国になる場合は非常に大変です。主催国も、問題作成から採点、その他、各国選手団の面倒を見る人たちまでを含めるとものすごい人数になりますので、特に小さな国は単独で開催することはほとんど不可能です。二〇一〇年のカザフスタン大会は、中央アジアのほとんどの国から採点や接待、その他もろもろの応援の人たちが駆けつけて開かれています。

しかし最近、少し変化がありました。Google がお金を出すことになったのです。したがって、財政規模の小さな国々でも開催することが可能になりました。今年、コロンビアで開催するにあたってもそのような背景があります。それでもおそらく、人員についてはコロンビアだけではまかないきれないでしょうから、南米各国が応援することになると思います。

各国が国際数学オリンピックにどのように対応しているかを大別すると、二通りに分けることができると思います。第一のタイプは、とにかく何らかの形で選抜試験を実施し選手を派遣するというものです。したがって、問題作成も採点も最初からその国のオリンピック中央委員会が行い、何らかの基準で六人を選んで派遣します。日本、韓国、ポーランド、イラン、中国等、大部分の国がこのタイプです。このタイプの変種としては、アメリカやイギリスがあります。アメリカは数学オリンピックと関係なく、大学入試に相当する学力コンテストのようなもの二十種類ほどあり、その成績が大学に入学の申請をする際の材料になります。アメリカの場合は、このような各種コンテストの上位者を招待し予選のようなものを行います。まずはインビテーションという試験を行い、そこからさらに絞って合宿形式の選抜試験を行い、選手を決定するのです。

ほとんどの国では、財政面は政府の丸抱えです。資本主義国は寄付にある程度頼っていますが、基本的には日本の文部科学省に相当する省庁が予算を組み実施する形を採っています。今は少し出すようになっていますが、かつて日本政府は一切お金を出しませんでした。日本の場合は、世界各国とまったく違う形で、すべて寄付により成り立っています。二〇〇三年に東京で国際数学オリンピックが開催されたのですが、このときは政府からの援助が一切なかった少し珍しい大会でした。

第二のタイプは、東欧型の数学オリンピックです。まず、全校生徒ほぼ全員が参加する学校大会があり、そこから優秀者を集め市町村型の地区大会を行い、さらにそこの優秀者を集めて県大会のようなものを行います。ここまでは、中央の数学オリンピック委員会はまったく関与せず、各地の学校教員がそれぞれ組織を作り、カリキュラムに沿った問題で選抜していきます。県大会の次の全国大会だけは中央が作った問題を用い統一的に行います。国の文教政策に関わっているため、費用その他はすべて国が持ちます。そして、各段階で成績優秀者を表彰したり、あるレベルに達した者には奨学金を出したりするといった、国家レベルでの試験組織になっています。このタイプは、旧ソ連を除いては旧東欧諸国が中心です。東欧諸国は、そういったことを行うにあたってちょうど都合の良い人口数です。日本が同じことをやろうとしたら人口が多すぎて大変でしょう。

このような国々で数学オリンピックが根付いて発展してきた理由のひとつには、試験に関係する業者団体が存在しないので、各地の生徒は自分が相対的にどのぐらいの位置にいるのか、どこの大学に入れるのかというような情報があまりないことが挙げられると思います。日本の場合は、例えば大手の予備校が実施している全国統一模擬試験を受ければある程度の情報が入りますが、先に述べた国々にはそういうものがないので、ある意味数学オリンピックに関わることが唯一の全国規模の情報獲得手段なのです。それが、これらの国々で数学オリンピックがある程度根付いている理由のひとつであると、個人的には考えております。

国際数学オリンピックに国のトップ選手を派遣するために、どうやって選抜するかということを基本に置いて国内の数学オリンピックを組み立てているのですが、かなり多くの国が参加する地域型の数学オリンピックが多く組織されています。例えばバルカン数学オリンピックは、旧東欧諸国の人たちが主催し、当初は国際数学オリンピックに出られないような二番手的な選手を集めた大会でした。リベロアメリカン数学オリンピックは、スペインが音頭を取り、中南米のスペイン語圏とポルトガル語圏の国々で組織しています。北欧数学コンテストは、北欧三国とその周辺の国々の大会です。南半球数学オリンピックもスペイン語圏の大会です。アジア太平洋数学オリンピックは、地域大会では三十ヵ国以上が参加する一番大きいもので、オーストラリアとカナダが選手を出して一九八九年から始まりました。日本は二〇〇五年から参加しています。この大会は三月の第二火曜日に行われるということもあり、七月に行われる国際数学オリンピックの国内予選を兼ねている国がたくさんあります。

数学オリンピックを開催するにあたって難しいことのひとつに、問題作りの大変さが挙げられます。これには相当の精力を費やさなければいけません。このような各地の地方大会は、要するに問題作りの作業を分散させる意味もあり、数学者の少ない国では、アジア太平洋数学オリンピックを国際数学オリンピックへの選手団選抜のための最重要資料にしているところもあると聞いています。その他にもいくつかありますが、全アフリカ数学オリンピックは毎年開催されてはいません。今、国際数学オリンピックにおける唯一の空白地帯がアフリカで、南アフリカと北アフリカの数ヵ国だけしか参加していません。来年は南アフリカで国際大会が開かれますので、おそらくこれを機会にアフリカの多くの国々も参加することになると思います。

数学オリンピックは、数学が好きな者や得意な者に対するエンカレッジメントには随分なっているだろうと思います。また、数学を勉強するモチベーションにもなっていると思いますが、数学オリンピックが才能教育そのものを直結しているかどうかということになると少し疑問です。数学オリンピックの功罪における罪についても随分言われていますが、私はそれについては無視しても良いと思っています。少し私見を述べるつもりでしたが、ちょうど時間になりましたのでここで終わりにいたします。どうもありがとうございました。

数学オリンピック、春の合宿と夏季セミナー

東京女子大学名誉教授／数学オリンピック財団理事長　小林　一章

数学オリンピック財団の理事長をやっている小林です。鈴木先生がご講演の最後のほうで、地域型の数学オリンピックの紹介をされました。例えば一つはアジア太平洋数学オリンピックです。今、国際数学オリンピックは高校生以下を対象にしておりますが、実はもう中学生・小学生以下を対象にしたものが始まっています。それをまとめて、高校生以下の国際数学オリンピック(International Mathematical Olympiad: IMO)とは区別して国際数学競技会(International Mathematical Competition: IMC)と言っています。それがもう始まっております。ステージ3が中学三年生以下、ステージ2が小学生の上級生である四・五・六年生くらいを対象としています。

日本は国際数学オリンピックで最高二位になったこともあるのに、昨年は落ちに落ちて十七位でした。一九九〇年の北京大会に日本が初参加したときは二十位でした。今年はそれ以上落ちないでほしいと団長に発破をかけたのですが、団長がコンテストを受けるわけではないのでどうしようもありません。

私は、ひとつはゆとり教育の弊害なのではないかと思っています。日本は国際数学競技会に小学生の代表は送っていないのですが、ステージ3に一チーム送り、そこでは個人戦と団体戦があ

ります。個人戦は一人ずつの得点です。団体戦は国際数学オリンピックにはないのですが、最初の八分間か十分間に四人の選手が相談して割り振って、各自が得意なところを解いたものが点数になるというものです。そして、個人戦と団体戦の得点を合わせて総合成績が決まります。

昨年は国際数学競技会への初参加だったのですが、幸いなことに総合で三位になりました。今年はもう終わっているのですが、団体戦が二位で、四人の個人戦での点数を加えて総合一位でした。その選手たちが国際数学オリンピックの代表になるくらいになれば、もう少し上位になってくれるのではないかと思っています。

そろそろ本題に移ります。春合宿と夏季セミナーについてです。日本数学オリンピックはJapan Mathematical Olympiad で、省略してJMOと言います。日本国内で開いている中学生以下の大会は、それに「ジュニア」が付いてJapan Junior Mathematical Olympiad、略してJJMOと言います。それぞれの応募者数は、二〇〇四年以降は右肩上がりで増えております。特に二〇一二年及び二〇一三年の伸び率はすごいです。今年の応募者数は、JMOが三、四一二名、JJMOが一、九六二名です。私は二〇〇五年に理事長を引き継いだのですが、それ以降応募者数がどんどん増えてきましたので、国内における数学オリンピックの予選・本選・春合宿も形態を変えていきました。

一九九〇年から二〇〇二年までは、JMOの予選受験者のうち一〇〇名前後を選抜し本選に出場させ、その一〇〇名前後からさらに二十名くらいに絞って春の強化合宿を行なっておりました。二〇〇三年に国際数学オリンピックの第四十四回大会を東京で開催したのですが、それを記念し

てＪＪＭＯが始まりました。二〇〇三年から二〇〇八年までは、ＪＭＯの予選の選抜者に、ＪＪＭＯから選抜された十名前後が合流するかたちで合計一一〇名前後が本選に出場し、そのうち二十名前後が春合宿に進みました。今は、ＪＭＯとＪＪＭＯの選考は問題もまったく違い、同時に行いますので、一人の生徒が両方を受けることはできません。かつてはＪＪＭＯの選考が午前中に行なわれていたため、午前にＪＪＭＯ、午後にＪＭＯを受けたという者もおります。徐々に受験者が増えてきましたので、二〇〇九年からＪＭＯとＪＪＭＯの予選を別々に行い、各々から一〇〇名を出し本選を独立して行うようにしました。

　ＪＭＯは高校生以下で、ＪＪＭＯは中学生以下です。そうすると、中学生以下で出来る者はどうするかと言うと、ＪＪＭＯから選抜された十名が合流するという形式を採用していた時代は、中学生も「高校生以下」ではありますので、どちらを受けても良かったのです。現在は本選を独立して実施しています。しかしながら、ＪＪＭＯで受けて表彰されるレベルになると、中学三年生であっても高校生のＪＭＯを受ける生徒もいます。

　各々の本選出場者が一〇〇名になったのですが、高校生以下と中学生以下ではやはり実力の差もありますので、一〇〇名のうちＪＭＯから二十名ほど、ＪＪＭＯからは五名以下が選ばれ二十五名前後で春合宿を行います。これが今の形態です。

話は変わりますが、今年はＪＭＯの応募者が三、五〇〇名弱になり、ＪＭＯの予選参加者がとても増えました。そこでＪＭＯの本選に進む生徒を一〇〇名前後から二〇〇名以下程度に増やしました。二〇〇名から二十名ほどが春合宿に行きます。ＪＪＭＯは五名以下です。実は採点能力に問題があるのです。予選は全部で十二問あり、解答用紙には解答だけを書くのです。途中経過は見ませんので、応募者が多少増えても採点能力は追いつきます。しかしながら本選は記述式なので、一〇〇名前後から二〇〇名前後に増やすことは本当に大変なことなのです。予選の試験時間は三時間です。本選は五問で、解答だけではなく途中も書く記述式となっており、試験時間は四時間です。

春合宿中は国際大会と同じ形態を取ります。国際大会は三問で解答時間は四時間半です。一問当たり一時間半の試験を二日間続けて行うのです。それを春合宿では四日間行います。ですから、三問で四時間半を合計四回行います。この四回の成績をもとにして、日本代表の最終候補者を選びます。最終候補者と言っているのは、四月の第一週辺りに数学オリンピック財団の中にある委員会で、付き添う役員も含めて最終的に決めますので、そこまでは候補者ということになります。

一昨年の二〇一一年からは、日本は中国女子数学オリンピック（China Girl's Math Olympiad: CGMO）にも参加するようになりました。これは女子だけの大会です。正確に言うと国際大会とは少し違い中国の大会なのですが、オープンにしているので日本、アメリカ、イギリス、カナダ、ロシア等も参加しています。この大会は一チーム四名です、日本からは一チームを送っています。また、去年からは、国際数学競技会に代表候補を四名送っています。

次に、夏季セミナーに移りたいと思います。国際数学オリンピックの最終候補者に選抜された二十五名ほどの生徒が希望すれば、この夏季セミナーに無条件に参加することができます。ここ数年は長野県の清里で開催しています。生徒は三十五名ほど、チューターが十七～十八名、あとは財団からも数名行きますので、一番多いと五十五名ほどになります。約三十五名の生徒のうち、今述べました通り、春合宿に参加した者は希望すれば無条件で参加できますので、残りの枠が一般公募ということになります。中国女子数学オリンピックの日本代表者は、正式には無条件ではないのですが、多少は優遇されます。

夏季セミナー中にどんなことをやるのかと言うと、七泊八日のうち、三度ほど大学の先生に数学の話をしていただきます。その他、朝昼晩に数学のセミナーを行います。数学が好きでなければ大変です。過去には逃げ出した者もいます。清里での開催は今年で七回目になります。財団の財政が厳しかったとき、一時的に夏季セミナーを中止したことがあります。そのときは、元日本代表の若い大学生や大学院生が中心となり、自主的な夏季セミナーが河口湖、御殿場、山中湖等で行われていました。私が最初に参加したのは今から八年前、琵琶湖で開催されたときでした。その翌年から清里で開催しているのですが、そのころから参加者が合計四十名後半になり、五十名を超える年もでてきました。

すべてのセミナーが開催されると十個のセミナーが成立しますが、最終日の前日に全セミナーのグループ発表を行います。一つの発表は原則として三十分で発表を終わらせるのですが、三十分で十個のセミナーだと三〇〇分（五時間）かかります。とにかくとても楽しく、春合宿とは違って競争という原理が働かないので、リピーターがたくさんいます。夏季セミナーに参加すると周囲に出来る者がたくさんいるので、お互いに刺激を受け、できるだけ春合宿に参加しようと頑張るようになるのではないかと思っています。

数学オリンピックでの経験とその後

早稲田大学専任講師／数学オリンピック財団評議員　岩瀬　英治

ご紹介ありがとうございました。本日は、数学オリンピックでの経験とその後についてお話しさせていただきます。

鈴木先生からもお話がありましたが、日本数学オリンピックが始まったのが一九九〇年で、これまでに二十四回行われています。そのため、日本の数学オリンピックを経験した人で一番年長の人だと、現在四十歳くらいになっていると思います。日本代表選手は毎年六人ですので、単純計算すると一四四人ですが、重複もあるので大体一〇〇人くらいでしょうか。また、小林理事長からもありました通り、春合宿というものがあります。本選までは試験会場で試験を受けるだけですが、春合宿で高校生同士が初めて顔を合わせるという形になります。先ほど参加者は毎回二十五人ほどだというご紹介がありましたが、二十～二十五人と考えると、約五〇〇人が過去に参加したということになります。今回は春合宿をはじめとした数学オリンピックの実態について、自分の経験に基づいたものをお話しできればと思っております。

一点は、高校生の当時に数学オリンピックに参加したことでどのような経験を得たのかということについて、実体験に基づいて紹介させていただきたいと思います。数学オリンピックは高校

国際数学オリンピックで出題される問題の例

【問題１】（IMO 2000 問題 1）
2 つの円 Γ_1, Γ_2 があり，2 点 M, N で交わっている．直線 l を Γ_1, Γ_2 の共通接線で N より M に近い側のものとし，l と Γ_1, Γ_2 との接点をそれぞれ A, B とする．
M を通り l に平行な直線と，Γ_1, Γ_2 との M でない交点をそれぞれ C, D とする．また，直線 CA と直線 DB の交点を E，直線 AN と直線 CD の交点を P，直線 BN と直線 CD の交点を Q とする．
このとき，$EP=EQ$ を示せ．

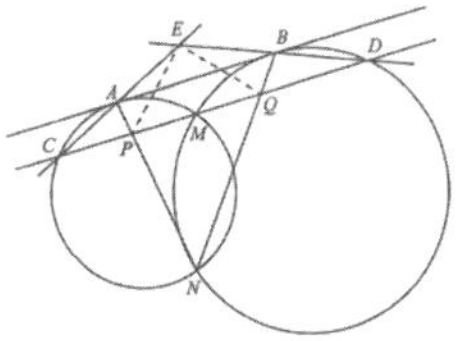

【問題２】（IMO 1997 SLP 5）
正四面体 $ABCD$ があり，面 ABC, ADC 内の異なる 2 点を M, N とする．
このとき，3 辺の長さが線分 MN, BN, MD の長さと一致する三角形が存在することを示せ．

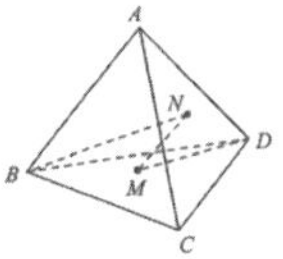

IMO 2012（第 53 回 アルゼンチン大会）の問題

第 1 日目：7 月 10 日　[試験時間 4 時間 30 分]

1. 三角形 ABC において，角 A 内の傍接円の中心を J とする．この傍接円は辺 BC と点 M で接し，直線 AB, AC とそれぞれ点 K, L で接する．直線 LM と直線 BJ は点 F で交わり，直線 KM と直線 CJ は点 G で交わる．直線 AF と直線 BC の交点を S，直線 AG と直線 BC の交点を T とする．
このとき，M が ST の中点であることを証明せよ．

2. $n \geqq 3$ を整数とし，$a_2, a_3, \cdots, a_n$ を $a_2a_3\cdots a_n=1$ を満たす正の実数とする．このとき，

$$(1+a_2)^2(1+a_3)^3\cdots(1+a_n)^n > n^n$$

が成り立つことを示せ．

3. うそつき数当てゲームは，2 人のプレーヤーＡとＢによって行われるゲームである．このゲームのルールはあらかじめ双方のプレーヤーに知らされている正の整数 k, n に依存する．

ゲームの開始時に，Ａは $1 \leqq x \leqq N$ をみたす整数 x, N を選ぶ．Ａは N をＢに正確に伝え，x は秘密にする．その後，Ｂは x についての情報を得るべく，Ａに次のように質問してゆく：Ｂは正の整数からなる集合 S を指定し（以前の質問で指定した S と同じでもよい），x が S に属するかをＡに尋ねる．Ｂはこのような質問を何回でもすることができる．ＡはＢの各質問に対し，直ちに「はい」か「いいえ」で答えなければならないが，何回でも嘘をつくことができる．ただし，どの連続する $k+1$ 個の回答についても，そのうち少なくとも 1 個の回答は真実でなければならない．

Ｂが望むだけ質問を行った後，Ｂは高々 n 個の正の整数からなる集合 X を指定しなければならない．x が X に属するならばＢの勝ちであり，そうでなければＢの負けである．このとき，以下のことを証明せよ．

1. $n \geqq 2^k$ ならば，Ｂは確実に勝つことが可能である．
2. 任意の十分に大きい k に対し，$n \geqq 1.99^k$ をみたす n であって，Ｂが確実に勝つことは不可能であるものが存在する．

第 2 日目：7 月 11 日　[試験時間 4 時間 30 分]

4. 整数に対して定義され整数値をとる関数 f であって，$a+b+c=0$ をみたす任意の整数 a, b, c に対して，

$$f(a)^2+f(b)^2+f(c)^2=2f(a)f(b)+2f(b)f(c)+2f(c)f(a)$$

が成り立つようなものをすべて求めよ．

5. $\angle BCA=90°$ である三角形 ABC について，頂点 C から辺 AB に下ろした垂線の足を D とする．点 X を線分 CD 上の端点でない点とする．点 K は線分 AX 上の $BK=BC$ をみたす点とし，同様に点 L は線分 BX 上の $AL=AC$ をみたす点とする．点 M を直線 AL と直線 BK の交点とする．
このとき，$MK=ML$ であることを示せ．

6. 以下をみたす非負整数 $a_1, a_2, \cdots, a_n$ が存在するような正の整数 n をすべて求めよ：

$$\frac{1}{2^{a_1}}+\frac{1}{2^{a_2}}+\cdots+\frac{1}{2^{a_n}}=\frac{1}{3^{a_1}}+\frac{2}{3^{a_2}}+\cdots+\frac{n}{3^{a_n}}=1.$$

生以下の大会ではあるのですが、そのときだけの経験なのか、大学進学以降それがどのように影響するのか。また、数学オリンピックに参加するような人は数学好きの高校生なのだろうから、数学の才能があって将来は数学者だ、というようなことを思われているかもしれませんが、実際はどうなのか。そういったことについてお話していきたいと思います。

もう一点は、数学オリンピックで出題される問題についてです。お配りした資料に実際の問題を載せていますが、解説という意味合いではなく、数学オリンピックに出る問題がどのようなものなのか、その雰囲気を味わっていただくようなお話ができればと思っています。

資料二枚目は、昨年二〇一二年七月にアルゼンチンで開催された国際数学オリンピック第五十三回大会の問題、全六問です。三問、四時間半を二日というのは、このような形です。Ａ４

サイズの問題用紙が一日に一枚配られ、それを四時間半かけて解くというものです。資料一枚目の問題については講演の後半で説明させていただく予定です。この二問は両方とも幾何の問題ですが、実際に出題される問題は幾何、代数、組合せ、整数の四分野からバランス良く出題されます。

さて、なぜ私がこの講演の講演者に選ばれたのかというところから本題に移っていきたいと思います。今回は数学オリンピックのOBとして、そのときの経験やその後への影響について話をして欲しいということで依頼されました。ただ、日本代表を経験されたOB・OG約一〇〇人、春合宿に参加されたOB・OG約五〇〇人それぞれがいろいろな経験をされていますので、それらを一括りにして何かを述べるというのは無理かと思いました。そのため、自分を語ることはとても恥ずかしいのですが、自らの経験を話すしかないと思いましたので、経歴をさらしながらお話ししていきたいと思います。

まず高校時代です。一九九五年は確か五回目の日本数学オリンピックだったと思います。予選があり、本選を通過して春合宿に参加しました。先に申しますと、私はそのとき日本代表選手にはなっておりません。春合宿での選抜において代表には残れませんでしたが、二十～二十五人ぐらいの数学が好きで得意な同年代の高校生たちと講義や選抜試験を受けました。私はそれまで、「数学の何が得意か」ということまでは特に意識していませんでしたが、春合宿で数学ができる人たちと話をしていると、自分は特に初等幾何が得意なのだということが分かりました。また、数学の発想力に関してすごい人たちがいるのだということを認識する機会にもなりました。このときに得られたものは、このように、自分の能力の何が特異でどこまでが通用するかを認識できたことにあったと思います。

次に夏季セミナーがあります。春合宿は選抜で講義形式なのですが、夏季セミナーは数学が好きな人たちと一週間ほどの合宿をします。ここで得られるものは参加者との繋がりです。春合宿でも仲良くはなるのですが、夏季セミナーでは、別の学校の高校生同士が数学好きという共通項でより深く繋がることができます。

大学は、東京大学に入学しました。大学一年生になると、春合宿のチューターというお世話係をやりました。やっている側としては、お世話というよりも恩返しをしようという心持ちでした。その後、二年生から三年生に進学する際に専門を決めるとき、理学部数学科ではなく工学部機械情報工学科に進みました。この頃は春合宿で初等幾何の講師をやっていました。私が工学部機械情報工学科に進んだことについては数学オリンピックとの関係性はあまりなく、ロボットについて知りたいと思ったことが主な理由です。もしかしたら数学オリンピックに関わったために、数学を勉強する仲間は周りにいたので、当時まだ勉強したことがなく興味があった分野に進んだ、とも言えるかもしれません。

二〇〇〇年ごろから数学オリンピック財団と関わるようになってきました。まず、二〇〇〇年の国際数学オリンピック韓国大会に日本選手団の団長補佐として参加しました。これは正式には「オブザーバーA」と言いますが、選手の答案の採点協議をする役です。選手の答案の採点については、選手の国の団長団と開催国の採点官が協議をして点数を決めます。採点基準は決まっているのですが、各選手の答案を前に協議をして点数を決めるというやり方をします。私は日本の団長団側として採点協議に加わりました。選手が日本語で書いた答案を英訳したり、採点基準に照らしてどこまで到達しているかを主張したりということを行いました。その後、二〇〇三年に行われた日本大会では、その逆側である開催国側の採点官を務めました。全部で六問出題されますが、六問のうちの一問の責任者を担当し、数学オリンピックの開催国側の仕事をいろいろと経験させていただきました。まず各国から送られてくる問題から三十問ほどを候補問題として選定する作業を行いました。また大会直前に開催される各国の団長団の会議で出題する六問が決定されるので、そこから採点基準を作り団長団の会議にかけるといったことを行います。そして担当した問題の採点官として採点協議に参加しました。

数学オリンピック財団に関わるようになり、そこから先はＪＣＩＭＯ委員を務めました。ＪＣＩＭＯ委員は、例えば地区表彰という制度をどう実施していくかの話を行ったりする役割です。その後、二〇一〇年からは評議員を務めています。大学・研究関連では、助手・助教になった後、海外へ研究に行き、昨年四月から早稲田大学で講師をするようになりました。

自分の経歴の中で数学オリンピック関連と大学・研究関連を見てみても、数学オリンピックが影響を及ぼした部分と及ぼしていない部分があります。他のＯＢ・ＯＧで数学を専門にすることを選んだ人はそれなりに多いのですが、全く違う分野に行って研究者としてやっている人もいますので、影響は人に依るでしょう。しかし、例えば大学一〜二年時に数学の専門書を読むゼミを行いましたが、その参加者は数学オリンピック関連で出会い、仲良くなった人たちでした。そういうこともありますので、数学オリンピックでの経験だけでなく、そこでの出会いが意外とその後にも影響を与えていると思います。

以上が私の例でしたが、統計的な話を少しだけします。日本代表選手に絞ってしまうと分母が少なすぎるので、春合宿参加者の約一五〇人を分母としました。それほど熱心に追跡調査をしているわけではないので大学入学ぐらいまでしか分からないのですが、進学先は東京大学理Ⅰ・Ⅱが五七・二％、京都大学理学部が一八・四％、京都大学工学部が二・六％、早稲田大学の理工学部が二・〇％、東京大学理Ⅲが一三・八％、京都大学医学部が一・三％、その他の医学部が一・三％、東京大学文Ⅰ・Ⅱが三・三％です。まとめますと、理工系に進んでいるのが八〇・三％、医学系が一六・四％、文系が三・三％です。

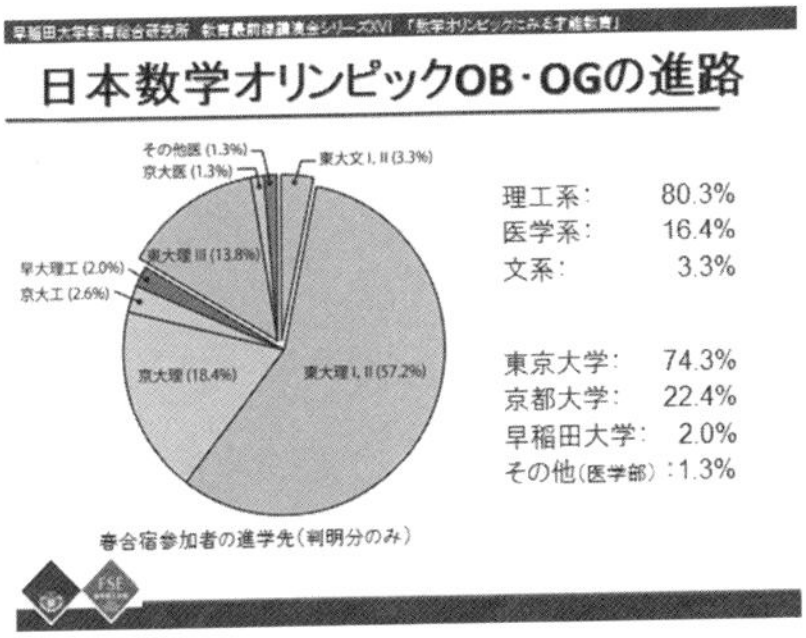

医学系、文系への進学が意外に映るかもしれませんが、実体験で言うとそれほど意外には感じません。個人的な感想で言いますと、数学オリンピックの合宿に参加している人たちはもちろん数学は得

意なのですが、数学だけができるという人は実はそれほど多くなくて、「数学もできる人」という表現が正しいと思っています。

大学別に見ると結構偏りがあって、東京大学が七四・三%、京都大学が二二・四%、早稲田大学が二・〇%で、ほぼこの三大学に絞られてしまっています。これ以外の大学に進学している人は全員医学部でした。

その後については、やはり研究者になっている方が多いように思います。会社員になっている方もそれなりにはいますが、大抵は修士課程や博士課程に進み、その後、大学でポストを得ているような方が多いように感じます。分野は数学が確かに多いですが、それに限ってはいません。

大学での工学部と理学部の比率について詳しくは分かりませんでしたが、表から判断すると大体一対八くらいでしょうか。私のように工学部に進む人も少なくありません。私の感覚だと、数学科に進んでいるのは全体の六~七割程度でしょうか。それ以外は医学、情報、物理系のようなところに進んでいます。違う分野の研究者になっても、OB・OG同士が出くわすことはあります。研究者の世界が狭いのかどうかは分かりませんが、結構意外な所で再会することもあるのです。私が数学オリンピックで得られた最大のものは、数学の得意な同年代の友人ができたことだと思っています。もちろん講義で習ったこと等も役立っていますが、この友人関係は高校を卒業して大学に進み、研究者になっても続いています。そして、申しましたように、数学に限らず皆幅広く活躍しています。

数学オリンピックについてもうひとつ、これは意義のひとつであると思っていますが、高校生

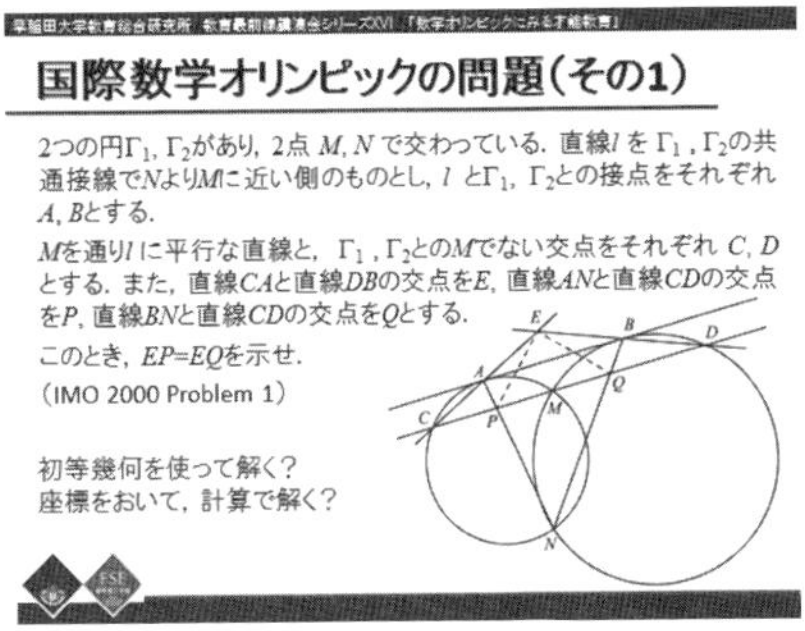

【問題1】　「2つの円Γ_1、Γ_2があり、2点M、Nで交わっている。直線lをΓ_1、Γ_2の共通接線でNよりMに近い側のものとし、lとΓ_1、Γ_2との接点をそれぞれA、Bとする。Mを通り、lに平行な直線と、Γ_1、Γ_2とのMでない交点をそれぞれC、Dとする。また、直線CAと直線DBの交点をE、直線ANと直線CDの交点をP、直線BNと直線CDの交点をQとする。このとき、$EP = EQ$を示せ。」

に対する数学の啓蒙と奨励です。日本代表選手を決める選抜だけではなく、今は予選の成績優秀者等に地区表彰という形で表彰状を授与することも行なっています。数学オリンピックが日本代表選手のためだけのものではないということです。これは重要なことだと思っています。高校生ぐらいだと自信を得ることによって大きく変わります。私も初等幾何に関してはそうでした。数学オリンピックの問題は受験数学とも異なるので、そのような数学の才能があるということを高校生自身が認識することは結構重要なことだと思っています。

　話をまとめますと、数学オリンピックで得た究極的なものは同年代の良い友達、また、数学オリンピック財団が実施する啓蒙や奨励は非常に有意義ではないかと感じています。駆け足でしたが、以上が私の数学オリンピックでの経験です。

　ではもう一つの数学オリンピックで出題される問題の話題に移りたいと思います。まずは【問題1】ですが、問題や解法を理解していただこうというよりは、こんな問題が出されるのだということを知っていただきたいと思います。

ここでは図を描いてしまいましたが、実際は文章だけで出題されます。まず、これがうまく描けるかがハードルになります。試験中に自分で描くのですが、これをどう描くかによっても問題が解けるかに多少関わってくるように思います。

この問題をどのように味わうかと言うと、まずは問題文を作図する力です。ただ正確に描けるだけではなく、例えばこの二つの円の大きさが極端に違うときや同じときなど、何通りか描くことで解法の道筋を見出すという力も重要です。一問あたり一時間半かかる問題とは言っても、知識はそれほど必要ありません。この問題で使う定理は方べきの定理と接弦定理の二つだけで、これらは数学Aの内容なので高校一年生くらいで習うものです。ただし、知識が要らないからといって簡単ではなく、どこに着目するかが大事になってきます。情報が集まる場所を見抜き、補助線・補助点をどこに取るかという問題になります。今回の場合は、線分 AB が着目すべき「情報が集まる場所」です。この AB というのは二つの円の共通接線で、共通接線は結構使いやすく、かつ重要だったりします。

まず、AB に着目し方べきの定理を二回使えば、$FM \times FN$ が方べきの定理で共通なので FA と FB が同じ長さであることが分かります。直線 CD と AB は平行なので、まず PM と MQ の長さが等しいことが分かります。また、再び AB に着目し接弦定理を用いることによって、今度は EM が AB と直角ということが分かります。これらにより、三角形 EPQ が二等辺三角形であることが示せ、EP と EQ の長さが等しいことが証明できます。

これは、二〇〇〇年の第一問目の問題なので、数学オリンピックに出される六問の問題の中で

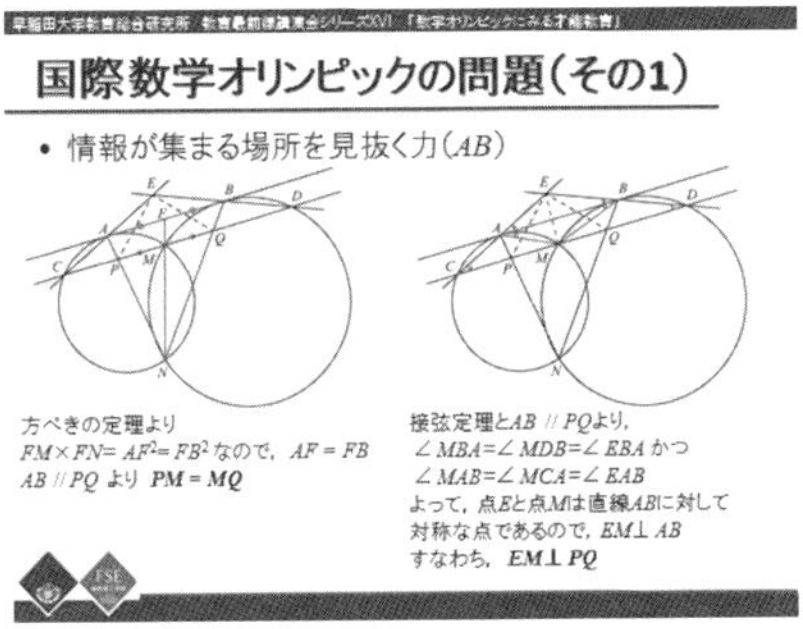

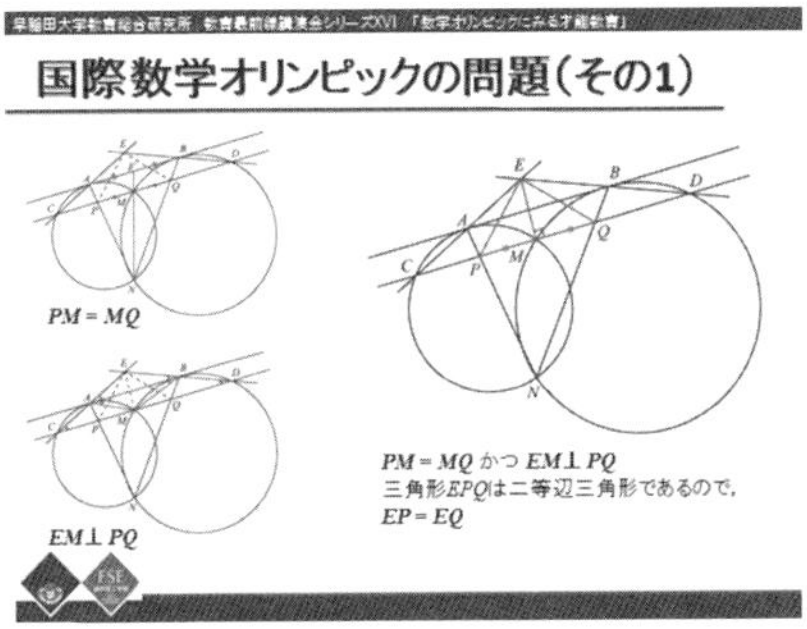

は易しい内容という位置づけで出題されています。二日間で第一問から第六問まで出題されますが、第一問と第四問が易しめ、第二問と第五問が中難易度、第三問と第六問が難しいものとされています。実際の正答率はこの順番にはならないこともありますが、そのつもりで出題されています。

さて、【問題2】のほうはどうでしょう。こちらは問題文は短いですが、なかなかの難問です。

「三角形ができるかどうか示しなさい」と言われたときにまず考えるのは、三角不等式を示すことかもしれません。三角不等式とは、三角形の二つの辺の和はその他の一辺よりも長いというものです。三本の線分に対して三通りの三角不等式がすべて成り立てば、その三本を三辺とする三角形が存在すると言うことができます。ただしこの問題の場合、この方針で証明するのは計算がとても大変です。ではどうするのかというと、問題文の条件を満たす三角形を作るという解法があります。

どういうことを考えて解法にたどり着くのかについてちょっと説明してみたいと思います。まず、MとNを特殊な場所に持ってい

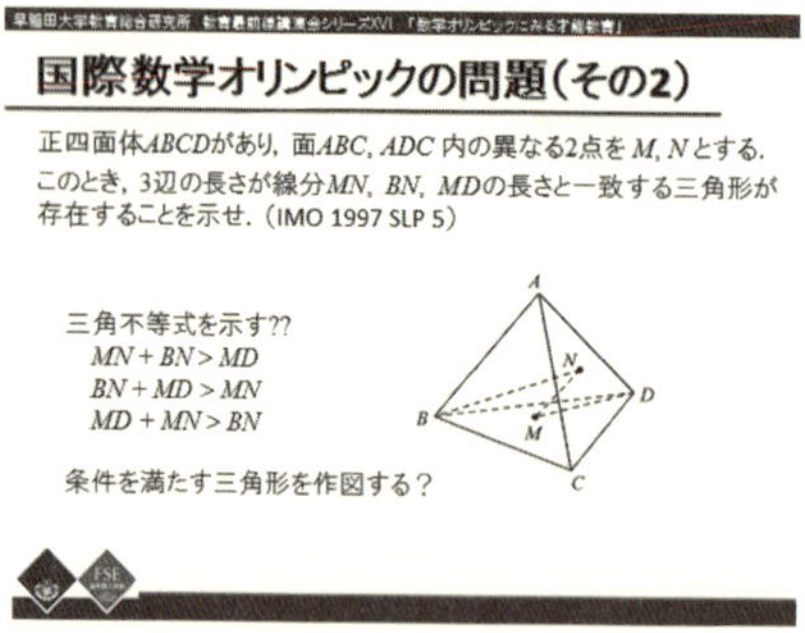
国際数学オリンピックの問題（その2）
正四面体$ABCD$があり，面ABC, ADC 内の異なる2点を M, Nとする．
このとき，3辺の長さが線分MN, BN, MDの長さと一致する三角形が存在することを示せ．（IMO 1997 SLP 5）
三角不等式を示す??
$MN + BN > MD$
$BN + MD > MN$
$MD + MN > BN$
条件を満たす三角形を作図する？
A
N
B
D
M
C
FSE

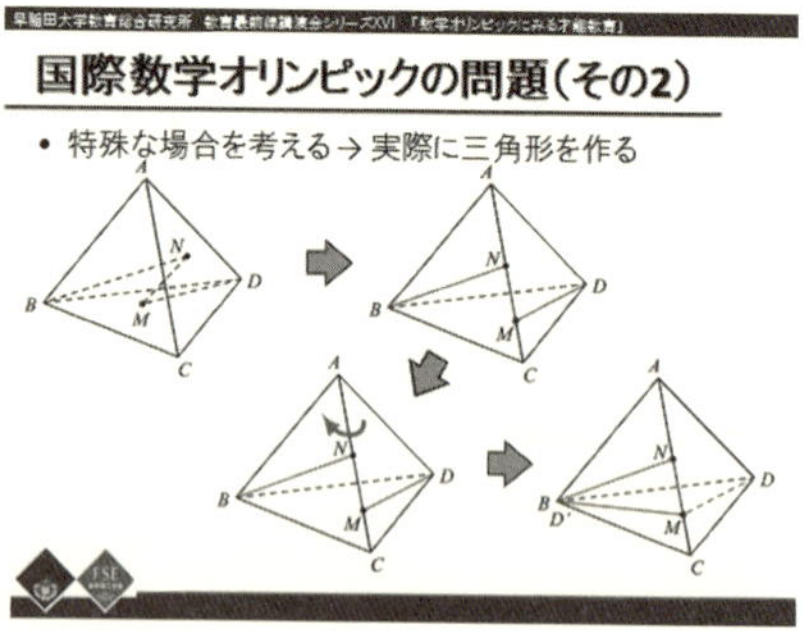
国際数学オリンピックの問題（その2）
• 特殊な場合を考える → 実際に三角形を作る
A
N
B
D
M
C
D'
FSE

【問題２】　「正四面体 $ABCD$ があり、面 ABC、ADC 内の異なる２点を M、N とする。このとき、３辺の長さが線分 MN、BN、MD の長さと一致する三角形が存在することを示せ。」

くという方法が常套手段としてあります。例えば、問題文では「面上」と言っていますが、「辺上」にある場合を考えます。M と N が辺 AC 上にあれば、正四面体の一面をパタンと回すと三角形を作ることができます。問題文の条件の三角形を実際に作ってその存在を示したわけで、これは証明になっています。ただ、今回は面上のどこの点でもというのが元の問題なので、これ（辺上の場合を示しただけ）ではまだ足りません。

また、次元を落として考えるという方法があります。三次元での問題は考えにくいので、これを二次元の正三角形での問題に置き換え、「面上の点」と言っていたものを「辺上の点」と読み替えます。次元を落としてもまだ多少発想力が必要ですが、各頂点の対辺に関する対称点を取ると、BN と $B'N'$、CM と $C'M$ は同じ長さです。また、この正三角形四つの図は正四面体の展開図と見ることもできて、パタパタと組み立てることで条件の三角形を実際に作ることができます。

さて、このようなことが分かったところで、元の問題に

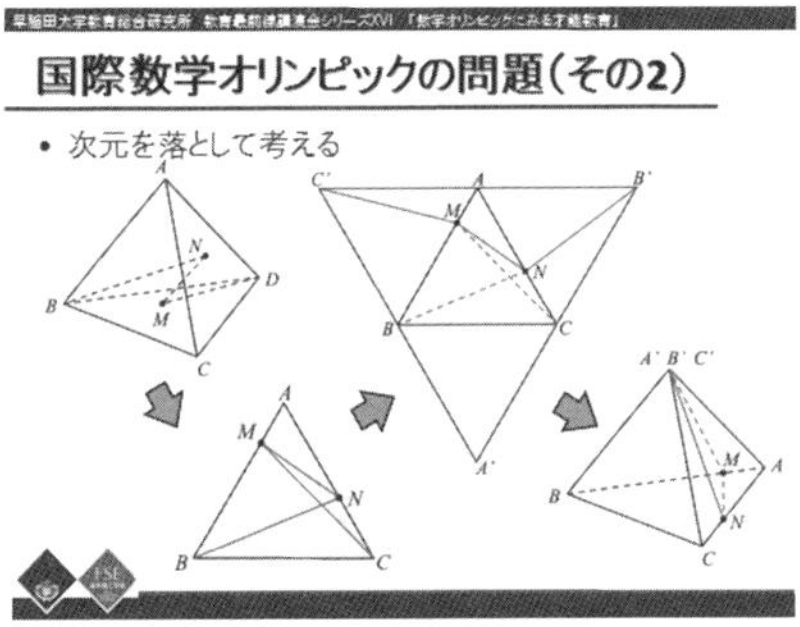

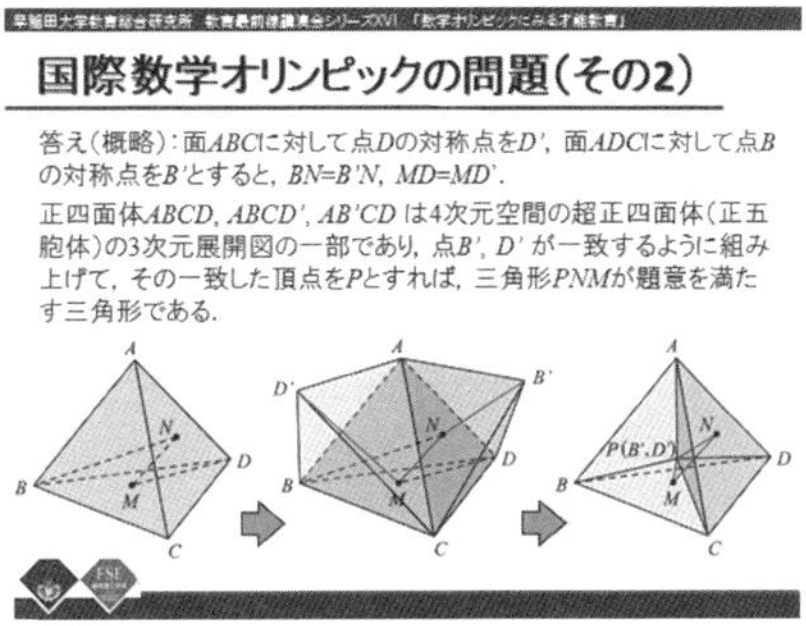

戻ってみましょう。二次元で考えたのと同様に、対面に関するBとDの対称点を取るとBN、DMと同じ長さの線分が作れます。また他の頂点AとCに関しても対面に関する対称点を取ると、元の正四面体の周りに正四面体が四つくっついた形が現れます。これは、実は四次元空間の超正四面体（正五胞体）の展開図の形であるので、これを四次元空間でパタパタパタと組み立てると、問題文の条件の三角形を四次元空間上に作ることができます。これは解の概略ですが、これをちゃんと数学の言葉で書けば正解になります。

問題の解説についてはまとまりがないのですが、知識はそれほど多くはいらなくて、アイディアがかなり重要です。アイディアもそんなに簡単に出ないので、一時間半かかるのです。一時間半かかる問題はこのようなものだということが伝われればと思います。以上です。

質疑応答

会場A：最後の問題で、解答で四次元空間の幾何を使うということですが、非常に面白く感銘を受けました。高校生で数学オリンピックに出場するような人ですと、そのような解答も実際に出てくるのでしょうか。

岩瀬：最後の問題は、昔の代表選抜の問題に使われたものです。約二十名の高校生がこの問題に取り組みましたが、この解答は出ませんでした。ただし、日本の高校生は計算力があるように見受けられます。この問題を三角不等式で示すのは計算がかなり大変なのですが、計算で示した正解者はいました。

会場A：この問題の作成者は、実際に四次元の解答も用意していたのでしょうか。

岩瀬：はい、そうです。この問題に限らず、数学オリンピックで出題される問題は複数の解法が用意されている場合がよくあります。

数学教育におけるコンペティションの功罪

早稲田大学名誉教授／数学オリンピック財団元評議員　石垣　春夫

石垣です。私は数学オリンピック財団が設立された当初から、できるだけのご協力を外野からしてまいりました。一ファンとして、「これから、こうしてほしい」といったようなことを申し上げてみたいと思います。

数学を商売にしている人間として、殊に最近は数学教育のほうにかなり深入りしてまいりましたが、大変気になることがあります。「数学離れ」ということがだいぶ前から言われています。これは別に、数学オリンピックに関わるような秀才の方々が離れたという意味ではないのですが、数学離れの底がだんだん上がってきました。私立大学の理工系学部でさえ、数Ⅰまでしかやらないというところはいくらでもあるのです。

考えてみますと、「数学って、本当に必要なのですか」という質問に答えられる人がいるのだろうかという心配が片方にあります。この話をどこかの席でしましたら、ある人が面白いことを言われました。彼が、国際会議の折に「数学の必要性をどうやって説明したら良いか」ということを聞きましたら、ヨーロッパの人から非常に不思議な顔をされ、「どうして、そういうことが心配なのですか。数学が大事だということは理屈ではなく、アップリオリに必要なものなので

す」と。彼らはそう信じており、説明する必要などまったく考えてないということでした。

日本人における数学の意味は、ヨーロッパの人たちにおけるそれとは随分違うのです。日本では、和算が非常に普及していたという話があります。しかし、和算というのはかなり趣味的ですよね。つまり、それで何かを理解し、その考えかたを用いて何かをしようというようなものではなく、「これはどうなっているのだろう」、「あれはどうなっているのだろう」と追跡していき、「あ、できた」と言って、広く公表するのではなく、競争相手がいれば同じ趣味を持つ者同士競い語り合う、という形でしかありませんでした。

それがなくなったのは、文明開化があったからです。文明開化の後は、要するにヨーロッパの学問を理解するために数学が必要だったということでしょう。日本では終戦後に大きな教育改革が行われました。これについては米軍の示唆もあり、また、日本人自身の覚悟もあったと思いますが、つまり、日本は貧乏な国になるし、小さな国なので、知恵と技術で世界に出て行こうではないかということを国民一人ひとりが共通して考えたのです。そうすると、その科学技術の基になるのが数学ではないかという感覚があったと思うのです。

もうひとつ、中学が義務教育になりました。私は旧制中学校の出身ですが、旧制中学校への進学者は五分の一ぐらいでした。今で五分の一と言うと、大変なエリートさんですね。当時の五分の一というのは、頭のほうの意味でのエリートであるだけではなく、懐のほうの意味でのエリートではありましたが、それでも五分の一というとやはり選ばれた人たちですから、かなりの数学をやっても大丈夫だったわけです。それを中学でどのようにして教えようかということで、いろいろなカリキュラムができました。後々いろいろな方々からいろいろなことを聞きましたところ、当時の大先輩である数学者・教育者の方々のご尽力で、カリキュラムは大変良くできたのではないかと思います。もちろん何度も改訂を重ねられました。

その結果、高校入試や大学入試など、どこでも数学は入試の関門のひとつになったわけです。そのことは数学教育にも多大に影響を与えて、数学は重要科目なのだということが人々の心の中にうまく入り込みました。そして、高等教育の大衆化という大変な時代を迎えるにあたって、世界に例を見ない成功例という評価が、ある時期に世界で盛んにされました。世界の数学教育に携わる方々が日本へ視察というか、教わりにきたものです。

ところが、悪いことに進学者がどんどん増えてまいりますと、過当競争と言い出す人がだんだん増えてきました。それから、受験の数学を商売にする人がかなり出てきました。すべての商売にする方々がちゃんと数学を教えてくだされば問題はなかったのだと思います。受験の数学がすべて悪いということではありません。何もしないよりは余程良いわけです。しかし、目的が少しずれるのです。それは点を取るために教えるのであって、数学を分かるようにするために教えるのではないわけです。

そうすると、これは大変だという部分が片方にあり、「受験の過当競争をより深刻にしているのは数学ではないか」と考えるお母さんたちがたくさん出てきました。数学などというもので頭を悩ませるような不幸な目に子どもを遭わせないためにはどうしたら良いかという発想が積もりに積もって、数学の時間がうんと減らされてしまったような気がしてならないのです。

ちょうどそのころ、私の周囲で「減らされることについては今さら抵抗しても間に合わない。では、どうするか。総合の時間は全部数学で占領しよう」という話が出ました。そのための案をいろいろと作ったのですが、実際に諮ってみましたら、社会科の人たちのほうが占領することについては上手なので、全部取られてしまったのです。ただし本当は、社会科の人たちが提案した総合の時間の裏側にはいろいろな係数が入っているのです。そこですかさず踏み込めば良かったのでしょうけれども、数学の先生にはそういう部分が非常に苦手なかたが多かったようで、先ほどのご講演で小林先生が、ある時期から日本の数学教育は大変下がってしまったというようなことをおっしゃっていましたが、そのような部分は確かにあると思います。

それだけならまだ良いのですが、世間では数学と言っただけで、少し敬遠したほうが良いというような感じがありました。岩瀬先生は数学ができる仲間と非常に楽しく学んだという話をされていましたが、普通の学校であんなに数学のできる人は、大体変わり者です。変わり者にならないために数学であまり良い点数を取らないような細工をいろいろと考える子供達がいます。

以上、余談のような話から始めましたが、このような現状があるのだろうと思うのです。ごく最近になって、これではいけないという反動がようやく起こってきて、中学・高校のカリキュラムをかなり改訂いたしました。

それでもどこか具合が悪いのは、試験で良い点を取るということと、数学をまともにやるということの間のギャップがあり、これをなるべく少なくするにはどうすれば良いのだろうかという部分があります。表立ってはあまり言いませんが、どうしても、人は競争して勝つことが一番楽しいのですね。私がなぜ数学を専門とする世界に来てしまったのだろうかと考えてみると、あまり勉強しなくとも数学はできるのです。努力抜きでできる勉強など、他にあまりないではありませんか。つまり、記憶の集積ではないのです。

さて、そこで数学オリンピックの話に戻るわけですが、オリンピックもある意味ではコンペティションです。当然そうなのですが、ただ、非常に違う部分があるのは、数学オリンピックの問題は、とにかく一題を一時間半かけて解くのです。問題そのものは非常に単純なのですが、考えれば考えるほど大変になってしまうのです。そういう問題です。これに「ハマる」か「ハマらない」かという性格の違いは重要です。すばらしい科学者に育ってほしいとしたら、ハマる人たちをたくさん作っていただかなくてはなりません。

ハマる人たちをたくさん作っていただく、つまり、ある意味での頭脳労働者としてのエリートを作っていただくということです。これは、我々教育に携わる者にとって非常に重大な課題のひとつではないかと思うのです。ハマる人たちをどうやって作るのだろうと考えるときに、やはり数学オリンピックのような競争が、もしかしたらその役割を果たすひとつになることができるかなと思います。

戦後しばらくしてからずっと、エリート教育というのは、教育界ではある意味で禁句になっています。スローラーナーの教育、スローラーナーの底を上げる教育というのがメインテーマで、これは世界ではなく、非常に日本的な発想だったのではないかと思います。

そして、先ほど少し言いましたように、多くの子どもたちが数学で戸惑っているのではないかということで、もっと時間数を減らし、問題を易しくしようという発想が積もるのです。しかし、問題を易しくすることで人々が数学を好きになるかというと、これは全然違うのですよね。そのような違いをどこかで克服してほしいと思います。数学オリンピックのように一時間半かける問題に皆が集中できるようにするにはどうしたら良いのでしょうか。

それからもうひとつ、ある学生が初めて論文を書き、それを英訳してアメリカの雑誌に投稿するとき、先輩教授であった皆川先生にそれを見せたところ、「おまえの論文は英語にならない」と言われたのです。「早稲田大学は入学試験で英語の試験に英語を出しているが、これは間違っている。むしろ英語にすることができるような日本語を作りなさいという問題を出すべきだ」と言うのです。つまり、その学生の書いた論文の説明文がロジカルではなかったのです。

数学オリンピックでは本当は意図していないのかもしれませんが、ここに面白いところがあると思うのです。先ほどのお話にもありましたが、生徒にはその当該国の母国語で問題を出し、生徒はそれを母国語で解答します。それを生徒の母国から行った人と主催国の人とで共同採点をするのです。つまり、英語に直せる解答でなければだめなのです。つまり、非常にロジカルなやり取りでなければ採点基準が作れないという、大変面白い状態に自然になっています。これはやはりメリットではないかと思います。一時間半もかけなければ解けない問題を解かせており、また、解答はロジカルにしなければ良い点がもらえないということです。そのような部分をじっくりと、むしろある程度意識的にしていただければ良いのではないかと思います。

数学オリンピックまで行けなくても良いのです。今、スポーツのオリンピックのファンはたくさんいますよね。例えば素人でオリンピックには出られないけれども東京都のマラソンに出る等、ファンのかたはたくさんいるのです。野球でもそうですよね。草野球はいくらでもあるわけです。甲子園まで行けなくても良いのです。ですから、数学がすごくできるということがある意味で憧れの対象になるようにするにはどうすれば良いのか、ということもあろうかと思います。

そこで、批判ではありませんがひとつだけ申し上げます。オリンピックとはいえコンペティションなので、限界があるという考えの数学者がかなりおられます。それはどういうことかと言いますと、過当競争はやはりまずいという部分があるのです。数学者でもあるセンドフ元駐日ブルガリア大使が、数学オリンピック加熱の弊害について話をされたことがあります。第一回国際数学オリンピックが開かれたルーマニアをはじめとした昔の東欧圏の若者にとって、メダルを取るということは将来エリートであることを保障するパスポートであったらしいのです。それがあまりにも白熱してしまっていました。彼が数学センスの非常に良い若者に目を掛けて一生懸命に指導していたら、その若者はある日数学オリンピックを受けることをやめてしまったのです。なぜかと言うと、確か情報だったと思うのですが、数学よりもそちらのオリンピックを受けたほうがメダルを取れそうだからだということです。実際にはその後、その若者はそちらのオリンピックのほうでもあまりうまくは行かなかったのです。彼はせっかくの才能をつぶしてしまったと非常に残念がって、過当競争にはそういった弊害があるとおっしゃっていました。それは一例に過ぎませんが、確かに現象としてはあり得ることではないかと思います。

つまり、数学者が数学のことを寝ずに幾晩も考えるということと、オリンピックで金メダルを取るために長時間考えることとは少し違うのです。数学オリンピックは、数学者が数学を一晩も二晩も考えるという方向へのきっかけを作っていただくにはものすごく良いのですが、そこからが難しいと思います。つまり、納得するという習慣です。それも、かなり深いところで納得しなければ気が済まないという習慣です。これはやはり科学者たる人のものなのだと思います。数学オリンピックを機会に、すばらしい科学者がたくさん育ってくださるように、ぜひ皆さまのご尽力をお願いしたいと思います。

何だか雑談のようになってしまいましたが、最後にひとつだけ私自身の体験を申し上げます。私が教わった岩村聯先生は、教室でやたらに難しい授業をするのがお好きで、最初の時間に超限帰納法の定義を一時間でやって「分かったか」と聞くのです。何人かがお付き合いで手を上げると、「おお、君たちは秀才だね。でも、手を上げた人の中には天才はいないのだからね。数学者になれるのは、手を上げなかった人のほうにいるのだよ」と、悪いことを言う人です。つまり、そういう話なのではないかと思うのです。それをぜひ心してご指導いただきたいと思います。最後は落語のような話になってしまいました。ご清聴どうもありがとうございました。

おわりに

スポーツのオリンピックは平和の祭典と呼ばれていますが、国際数学オリンピックにも世界中の若者が集い交流する平和の祭典としての側面があります。人種・言語の違いはあっても、数学自体は世界共通であることから国際数学オリンピックは成立しています。この点においてスポーツと数学は共通するのではないでしょうか。スポーツは競技として相手に勝つことを目的としますが、その根底には、勝つことを目標として心身を錬磨すること、スポーツを楽しむこと、という勝敗に無関係な意義が存在します。数学オリンピックも点数を競う競技として行われますが、その根底には、数学を楽しむ心・愛する心が流れています。教育の根本とは、何かを愛する心を引き出すことだとすれば、数学オリンピックの持つ教育的意義も高いのではないでしょうか。

最後になりましたが、ご講演頂きました鈴木晋一先生、小林一章先生、岩瀬英治先生、石垣春夫先生にこの場を借りて心より御礼申し上げます。また今回の講演会を提案して頂き、早稲田教育ブックレット№.10としての刊行を敢行された教育総合研究所所長の堀誠先生に御礼申し上げます。本書の出版でお世話になった学文社の皆様にも厚く御礼申し上げます。本書の構成や校正にあたりましては教育総合研究所助手の平山雄大さん、講演会の準備や出版に関しては事務局の上松朋子さん・長沼健治さんにご協力頂きました。ここに記して感謝の意を表します。

早稲田大学教育総合研究所幹事　谷山公規

「早稲田教育ブックレット」№.10刊行に寄せて

堀　誠

去る二〇一三年九月七日、ブエノスアイレスで開催された国際オリンピック委員会総会で二〇二〇年開催地の選挙結果を発表したロゲ会長の「トキョー」の声に、会場はもとより日本国中が招致成功の歓喜に沸いた。第二回目となる東京開催への夢がふくらむが、思いおこせば、前回一九六四年の東京オリンピックの当時は多感な小学四年生で、教室や自宅でテレビの映像に声援を送り、翌春には一般公開された記録映画「東京オリンピック」（市川崑総監督）を観賞しては映像に目を見張ったことを記憶する。

期せずして二〇〇二年九月十五日、在外研究中のロンドンはテムズ河畔のナショナル・フィルム・シアター（NFT）でその「東京オリンピック（TOKYO OLYMPIAD）」を三十数年ぶりで観る機会を得た。裸足のアベベ、東洋の魔女をはじめとするシーンに増して、記憶の中から鮮明に蘇ってきたのが開会式の模様にほかならない。抜けるような秋空、鳴り響くファンファーレ、選手団の入場、聖火点灯、放鳩、青空にブルーインパルスが描きだした五輪。

近代オリンピックを象徴する五つの「輪」は、町にあふれた三波春夫が歌う「東京五輪音頭」にも「色もうれしや　数えりゃ五つ」の歌詞があった。このシンボルマークはクーベルタン男爵の考案になり、赤・緑・黒・黄・青は、ヨーロッパ・アメリカ・アフリカ・アジア・オセアニアの五大陸、兼ねて火・木・土・砂・水という自然をも表現するなどの説が行われる。いわゆる「オリンピック」に「五輪」の漢語を当てて表記するのは、そのデザインから自然に発想されたものと思っていたが、意外にも一九三六年ベルリン大会の後、読売新聞運動部の川本信正記者が「宮本武蔵の極意〝五輪の書〟」に着想を得た表記であったという。そういえば、閉会して間もない二〇一四年ソチ冬季五輪でも開会・閉会式のセレモニーに雪と氷の結晶をイメージ化したと思われる五輪が登場し、閉会式では開会式で一輪のみ開かなかったアクシデントを逆手にとった演出が意表を突いた。

「オリンピック」は夢あるスポーツの祭典の色彩が濃いが、自由を尊重し人間を育てる精神は、ひとりスポーツの世界に限られるものではない。学びの世界にも「数学オリンピック」、「生物学オリンピック」、「地理オリンピック」といったオリンピックが、数学的才能を涵養する、生物学の面白さを体験する、地理力を競うといった目的のもとに展開することも知られている。

その中で、「国際数学オリンピック」は、一九五九年から開催され、日本は一九九〇年の第三十一回中国大会から参加し、翌九一年に日本数学オリンピック財団が設立されたという。ロゴマークは、大きな円の上の一点から向かい側に放射状に五本線を延ばし、円と交わる点を順に結んでできる四つの三角形には、赤・緑・青・黄の小さな円が内接する。早稲田大学教育学部には当初から運営に携わってこられた先生方がおられた関係で、その活動の様子をうかがう機会が少なくなかった。いまだ理学科数学専修の時代のことであったが、やがて二〇〇七年度から数学科として独立し、「〝教育〟の視点も持ったカリキュラム」に基づく教学が展開されている。幸いにも本研究所の谷山公規幹事が財団評議員ならびに国際数学オリンピック日本委員でもあることから、昨二〇一三年七月十三日開催の「教育最前線講演会シリーズⅩⅥ」として「数学オリンピックにみる才能教育」の企画が実現した。

「早稲田教育ブックレット」の中では初めての教科教育に関わる一冊である。講演者各位に感謝申し上げるとともに、「早稲田教育叢書」第三十一巻『数学教材としてのグラフ理論』（鈴木晋一編著）もあわせてお読みいただければ幸いである。

（早稲田大学教育総合研究所　所長）

著者略歴（2014年３月現在）

鈴木　晋一（すずき　しんいち）
早稲田大学名誉教授／数学オリンピック財団専務理事。
略歴：早稲田大学大学院理工学研究科修士課程修了。理学博士。
上智大学助手、神戸大学理学部助教授、早稲田大学教育学部教授を経て、現在に至る。

小林　一章（こばやし　かずあき）
東京女子大学名誉教授／数学オリンピック財団理事長。
略歴：早稲田大学大学院理工学研究科修士課程修了。理学博士。
神戸大学、北海道大学、東京女子大学文理学部教授を経て、現在に至る。
公益財団法人数学オリンピック財団理事長（二〇〇四年十月〜）。

岩瀬　英治（いわせ　えいじ）
早稲田大学理工学術院専任講師／数学オリンピック財団評議員。
略歴：東京大学大学院情報理工学系研究科博士課程修了。博士（情報理工学）。
日本学術振興会特別研究員、東京大学助手、同助教、ハーバード大学研究員を経て、現職。

石垣　春夫（いしがき　はるお）
早稲田大学名誉教授／数学オリンピック財団元評議員。
略歴：早稲田大学高等学院教諭、早稲田大学理工学部講師、早稲田大学教育学部助教授、同教授を経て、現在に至る。
早稲田大学教育総合研究所初代所長、日本数学会・日本数学教育学会名誉会員、数学教育学会会長代理。

谷山　公規（たにやま　こうき）
早稲田大学教育・総合科学学術院教授／数学オリンピック財団評議員。
略歴：早稲田大学大学院理工学研究科博士課程単位取得退学。博士（理学）。
東京女子大学文理学部専任講師、同助教授、早稲田大学教育学部助教授、同教授を経て、現職。